Mystérieux
chat noir
Symboles et
Superstitions

博物万象·魅力动物

神秘的
黑猫

象征与迷信

[法] 娜塔莉·塞姆努伊克 著

祝华 译

生活·讀書·新知 三联书店 生活書店出版有限公司

目 录

无论人们谈论我的好还是我的坏，重点是，他们在谈论我。

——莱昂·泽特隆

前言

“无论人们谈论我的好还是我的坏，重点是，他们在谈论我。”

如果我们的黑猫会说话，这可能就是它要说的话。的确，在许多国家的记忆中，都游荡着一只目光明亮而犀利的黑猫。对某些人而言，它体现了最不可能发生却顽固不化的诅咒；而对于另一些人，它则象征着最美的事物，代表着善，能带来好运。要去了解一下吗？

政治、艺术和演艺界的一些名人，都曾与自己那“魔鬼般的”黑猫一起经历了一些与身处地狱截然不同的故事。

19世纪下半叶，巴黎一家著名的歌舞厅选址在蒙马特高地脚下，并用一只黑猫作为标志。这个地方很快就成为巴黎人的聚集地！

因为身上承载着来自各个国家的历史和传说，黑猫，毋庸置疑，是一种与众不同的猫。

第一章
一段跌宕起伏的历史

远非寻常之辈的黑猫经历了一段与众不同的历史，几个世纪以来经常遭到诅咒，充满了不幸的遭遇；珂赛特（Cosette）的经历与我们的黑猫相比，甚至可以称得上童话故事了！是否应该把黑猫称作一种真正意义上的非凡之猫呢？或许吧！如果我们了解了它在全世界一切最糟糕的和最美好的经历的话，那么，在任何国家皆是如此。

古埃及——首屈一指的猫的国度！因其追捕能力而得到承认的猫被神化为女神贝斯特（Bastet）的形象。无论什么颜色的猫，在古埃及都受到了崇拜和保护。

关于驯养猫的资料一直很罕见。最初，猫的驯养被归功于古埃及人；但是最近的一些研究指出，猫与人类之间的密切关系可能远在这之前就建立起来了：在塞浦路斯，人们发现了近一万年前与一只野猫葬在一起的一个男人的坟墓。但是，猫的真正驯养似乎确实要追溯至古埃及，距今约四千年。

起初，猫是一种野生动物，它生活在尼罗河三角洲的岸边，靠捕食鸟、鼠和蛇为生。很快，古埃及人认识到这种猫科动物可以成为捕杀老鼠的首选盟友。每次尼罗河暴发洪水时，老鼠就会侵占田地和谷仓，掠夺农民的收成——主要是出于这个原因，古埃及人开始驯养猫。此外，猫还捕食蛇，从而保卫人类家园的安全。猫因此在各家各

作为古老的动物，猫很快就变成了必不可少的伙伴，保护主人不受某些啮齿动物和爬行动物的侵害。

户赢得了一席之地，变成了一种宠物。

猫不仅是**有用的动物**，而且也是**神圣的动物**，这与它的颜色无关。猫，在黑暗中两眼闪闪发光，使人联想到拉（Râ）——太阳神，因此它被视为神的化身，被赋予象征繁殖力和母爱的守护女神贝斯特的外形。在《猫科全书》（*L'Enchatclopédie*）中，罗伯特·德·拉罗什（Robert de Laroche）提到了公元前1500年前后的一篇文章《太阳神之眼的神话》（*Mythe de l'OEil du Soleil*），它讲述了猫在古埃及的起源："太阳神拉讨厌看到因自相残杀的战争而造成古埃及尸横遍野，就把自己的一个女儿——'太阳神之眼'派到了人间。在努比亚沙漠中，太阳神之眼化身为一只嗜血的母狮——'狂怒女神'，后来变成了塞克麦特（Sekhmet）。这位狂怒女神非但没有安抚各个民族，反而多次挑起大屠杀。为了制止她，拉急忙派战神荷鲁斯（Onouris）把残暴的母狮变成温柔的母猫，贝斯特诞生了。”

贝斯特的外形是一位猫首人身的女子，她戴着用黄金、青铜、骨头、木头或陶土制成的首饰（耳环或鼻环、项链等），一只手举着一只西斯特尔叉铃（一种用来驱赶恶鬼的打击乐器），另一只手提着一个篮子。在那个时代，杀死一只猫的行为可能会招致死刑。而且，猫享有最富有的人所专享的特权：它死后，人们给它的尸体涂抹防腐香料，使它免遭岁月的侵蚀。在布巴斯提斯——崇拜贝斯特的城市，人们发现了几处葬着猫木乃伊的广阔墓地。

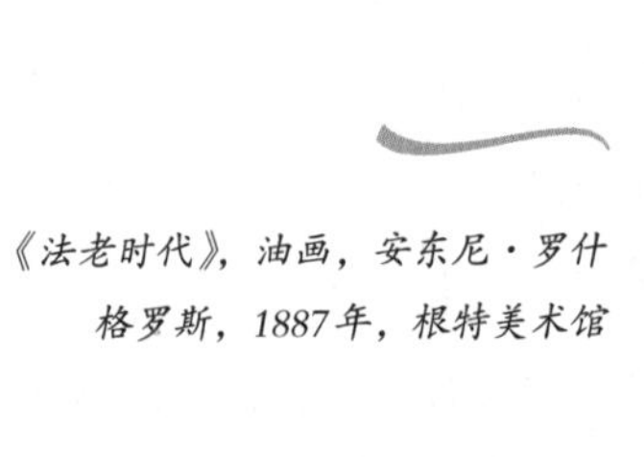

《法老时代》，油画，安东尼·罗什格罗斯，1887年，根特美术馆

有一件历史逸事说明了古埃及人对猫的尊重。公元前525年，尼罗河三角洲东北端的佩吕斯城被波斯国王冈比

西斯二世（Cambyses II）的军队包围了。几次进攻无果后，国王决定施一诡计，他命令士兵们捉来一批猫，并用投射器把它们射向城内。面对如此亵渎圣物的行径，佩吕斯城的居民们投降了。

直到公元前8世纪，随着埃塞俄比亚人的入侵，黑猫在古埃及才被视为厄运的象征。因为当时黑色被与埃塞俄比亚人的肤色联系起来——“埃塞俄比亚”在古埃及意为“晒黑的脸”。而这种被人们施与诅咒的颜色也让人联想到邪恶之神赛特（Seth），他杀死了自己的哥哥奥西里斯（Osiris）——冥界主宰死亡的判官。

头戴彩绘死亡面具的猫木乃伊，下埃及时代（公元前664—前332），尺寸为39cm×10cm，巴黎，卢浮宫博物馆

一种很有用的动物

尽管古埃及禁止出口猫，但是有些马其顿和腓尼基的商人想方设法要偷到或买到一些猫，把它们转卖给希腊、克里特和意大利某些富有的城里人。起初，希腊人并不把猫看作有用的附属品，而是把它看作宠物，因为他们习惯用鼬来捕捉啮齿动物。

但是很快，猫就取代了鼬——与鼬相比，猫不侵犯家禽饲养场里的禽类。

乘着罗马军队征服古埃及的东风，猫被出口到整个罗马帝国。作为昂贵的动物，被称为“菲利斯”或“凯特斯”的猫最初专属于最富有的家族，后来养猫的习惯普及社会各个阶层。因为与月亮女神狄安娜（Diane）相关，猫被视为家庭守护者，保护收成和存粮不受啮齿动物的侵犯。

随着罗马帝国的扩张，猫的分布也扩大到整个地中海地区和整个欧洲。

中世纪，就是从那时起，在一个受到各种异教威胁的基督教会的推动下，在皇权的许可下，黑猫的恶魔形象开始形成。然而，事情是逐步发展的……

虽然已证实是从中世纪开始，黑猫被与巫术和魔鬼联系在一起，但是黑猫与女巫之间的关系则起源于中世纪之前。据传说，古罗马掌管黑暗和黑夜的女神狄安娜爱上了路西法（Lucifer）——他有一只黑色的猫。他俩结合后生了一个女儿，取名阿拉迪娅（Aradia）。夫妻俩把他们的女儿送到了人间，并让那只黑猫陪伴着她，目的是让她向人类传授黑魔法。阿拉迪娅于是就被视为巫术女神。或许正是因此，黑猫后来才和女巫扯上了关系。另外，在北欧神话中，还有一位名叫弗蕾娅（Freyja）的女神，在北欧各国皈依基督教之后被视为女巫——她乘坐一辆由几只猫拉着的车出行。

无论如何，事情是逐步发展的，黑猫并非一夜之间变

成人们想象的不祥的动物。后来，尽管异教崇拜消失了，基督教得到了发展，但是猫并没有被抛弃。在中世纪很长一段时间里，猫始终因其追捕本领而受到赏识。

从13世纪起，对黑猫的恐惧真正在欧洲发展起来，并正式与巫术扯上关系。其实，其他一些动物也曾被归为魔鬼的代表，比如蟾蜍、老鼠或蛇，但黑猫是何故呢？在《中世纪的动物寓言》（*Bestiaires du Moyen Âge*）一书中，米歇尔·帕斯图罗（Michel Pastoureau）给出了一些解释：

“（猫）具有夜视能力，这是诸如狼、狐狸、猫头鹰和蝙蝠等地狱生物的特性。它的眼睛在半明半暗中闪耀，看起来像燃烧的木炭。然而，根据上帝的旨意，在夜里，所有善良的基督徒都应闭上眼睛睡觉；那些不睡觉的都在做坏事、施魔法，甚至举行异教仪式，比如纯洁派，他们就会让猫为他们的夜间集会站岗放哨。”

“而且，我们不要忘记，黑色往往与葬礼、死亡和黑暗有关。”

《猫变女巫》，泰奥菲尔·亚历山大·斯坦伦，19世纪

A.D.

而且，我们不要忘记，黑色往往与葬礼、死亡和黑暗有关。而恶鬼常常被画成黑色。（见第86页）

在那个时代，基督教塑造着西方社会的思想，尤其是，因为围绕罗马教皇组建的天主教教会的势力日益壮大。12世纪末，面对异教（纯洁派、伏多瓦派、阿尔比派……）的威胁，在皇权的许可下，基督教教会与被它视为邪教的从事所谓巫术、黑魔法的撒旦教的人们展开了斗争，创建了宗教裁判所——一种特别的宗教法庭。这是因为，异教不仅是一件有关教义的事情，而且被看作一种对抗上帝、皇权和社会的罪行。

“甚至某些不可能相信超自然或超常事物的名人，也在黑猫身上看到了某种不祥的存在。”

1233年，教皇**格列高利九世**（Grégoire IX）的一条教谕《罗马之声》（*Vox in Rama*）宣布：猫为“魔鬼的奴仆”。自11世纪以来，人们就一直沿用这一观念，异教徒们依据它进行一种敬拜魔鬼的仪式——这一教谕使得这一观念得以强化，教谕中描述了巫师们的巫魔会和他们对魔鬼的崇拜。黑猫自然而然与这些异教仪式扯上了关系，它在这些所谓的邪教中扮演了一个非常特殊的角色——魔鬼的帮凶或代表。在黑魔法的某些仪式中，撒旦（Satan）被认为化身为一只巨大的黑猫，从而得到信徒们的崇拜。这些信徒围绕着它游行，一边念着特定的咒语，施着特定的咒术，一边亲吻它的生殖器官。在苏格兰，信徒们会举行一种名为“灵魂回响”的凄惨仪式，将几只黑猫献祭给魔鬼——黑猫们活生生地被烤肉叉刺穿并被烤熟。这一仪式的目的，是用受害者的惨叫声迫使撒旦的灵魂以猫的形式出现，仪式参与者因此得偿所愿。

于是，从这一天起，任何人若在自家屋檐下收留一只黑猫，都可能被指控实施巫术，甚至被处以火刑，除非这只黑猫的脖子周围或者前胸上长着几根白毛——这一标记今天仍然被称为“**上帝的手指**”或“**天使的印记**”，这一理所当然被视为上帝的标志的特征可以使黑猫和它的主人幸免于难。否则，如果一只黑猫一窝生了好几只小猫——那时候给动物做绝育手术还没有广泛流行，那么其中一只或几只黑猫往往会被抛弃，甚至被杀死。

猎杀女巫

教皇**若望二十二世**（Jean XXII）于1326年颁布的教谕把魔法与恶魔联系起来，将巫术定义为一种异端邪术，标志着整个欧洲（德国、瑞士、法国、英国、西班牙、意大利……）**猎杀女巫行动**的开端。于是由那些最不可能和最莫名其妙的信仰支持的这一猎杀行动，悲剧性地完全失去了控制，引发了卑鄙无耻的虐行。因此，巫术，甚至那些类似巫术的东西，从那以后就被视为一种恶行，而不再是一种“温柔的疯狂”。

尽管在集体想象中，猎杀女巫行动被安在了中世纪的头上，但各种迫害行为却是从15世纪开始的，并在16世纪和17世纪达到了顶峰。教皇**依诺增爵八世**（Innocent VIII）在1484年颁布的教谕中规定，女巫和她们的猫应一起被宗教裁判所处以火刑。这一猎杀女巫行动不仅聚集了基督教

《女巫们的酷刑——火刑》，《法国编年史》，1493年

徒，还招来了世俗群众，他们想要为自己当时在欧洲所遭受的不幸——宗教战争、德意志三十年战争、饥荒、瘟疫、歉收找到罪魁祸首，只要找到罪魁祸首，做什么都可以。在教会眼中，妇女——被视为“天生更容易屈服于撒旦的诱惑的意志薄弱之人”——是早已被指定的受害者。于是，女巫被描述成不合群的孤僻之人，被一群猫包围着——不管是不是黑色的。实际上，这些“女巫”绝大多数是社会底层的妇女，只为苟且偷生而已。其中，许多是助产士或行医者、某部药典或某些祖传知识的传承人……简言之，是教会眼中的可疑妇女。

因此，数千名被指控具有超自然能力的妇女遭受了酷刑，并在审判结束后，与她们的猫一起被活活烧死。有一种判断一个妇女是否为女巫的恐怖方法，是将她赤身裸体地扔到水中，并把她的双手和双脚绑在一起，防止她浮上水面。因为一个女巫——从理论上讲——比水轻，所以如果她浮上来，她将立即被捞出来，活活烧死；如果她溺水身亡，则证明她死得清白……

野蛮的节日

在此期间，教皇**依诺增爵七世**（1336—1415）加强了对猫的迫害，允许在民间节日期间将它们作为祭品。对猫实施火刑、屠杀和投射通常被安排在固定的日子，即宗教或民间节日，比如一年一度的火把节、圣约翰节、万圣节前夜、圣诞节、圣灰节、圣周五……在整个欧洲的封斋期内，猫——尤其是黑猫——就成了某种惨绝人寰的暴行的受害者，被活埋、肢解、吊死、烧死……这些黑猫被关进一些捕鸟用的柳条篓里，人们先把它吊在一根旗杆上，然后扔到火堆里。仪式结束后，人们会抢一把殉难猫的骨灰，回去撒在田地和屋子里。根据民间信仰，这些动物骨灰可以预防饥荒、粮食歉收和瘟疫。在法国，每个月有数千只猫被烧死，而在**圣约翰节**期间被烧死的猫更多——在这个节日里，村民们点燃一些柴堆，把他们捉到的猫扔进去。直到18世纪，法国国王还亲自参与在巴黎沙滩广场（现在的城市酒店广场）上举行的焚猫仪式。

国王点燃火堆，而被囚禁在袋子里的猫们就在这个火堆中被烧死。路易十四（Louis XIV）于1646年最后一次出席了这个仪式。

不幸的是，在楼房、农庄、各种建筑物建造期间，居民常常把一些活猫——尤其是黑猫——砌在墙中。人们宁愿求助于秘术或类似的东西，也不愿信赖当时的建筑师和工程师的能力——被砌在墙中的猫能确保建筑物的稳固，帮助人们抵御厄运，并得到上帝的保护。正因如此，1950

年，在伦敦塔的修缮工程中，人们发现了一组猫木乃伊，它们的姿势揭示了它们在这种野蛮的做法下死去时的惨状。

962年，比利时的鲍德温三世（Baudouin III）——佛兰德伯爵创立了一个悲惨的节日：在伊普尔举行**“猫节”**。刚刚皈依基督教的他，某一天突发奇想，要把几只猫——最好是黑猫——从他的塔楼顶上扔下去，以公开宣告全体人民放弃他们旧时的异教习俗。于是一个刽子手负责在柯尔特-梅尔庄园的塔楼顶上将几只猫抛向空中。如果它们中有一只不幸存活下来，紧接着它就会被一群人兴高采烈地追逐，处以私刑，直至死亡。这一传统的唯一目的，是以象征的形式驱赶恶魔的灵魂。这一阴森恐怖的游行活动一直持续到1817年。尽管今天仍有人效仿这一活动，但是请放心，他们使用的不再是诱惑人的真猫，而是毛绒玩具。而且今天，这个节日已具有了不容错过的民间气氛，伴有壮观的猫咪游行队伍，三只黑猫玩偶被从城堡顶上扔下来。扔它们的不再是刽子手，而是一个小丑。

黑猫和女巫就是这样被献祭的，毫无差别，在同样的情形下死去。想要与异教习俗斗争并对抗异教的教会，于是把黑猫和女巫——魔鬼的完美代表当成了替罪羊，这真是严重的错误！因为，这一猎杀女巫行动使得整个王国的老鼠大量繁殖，诸如**黑死病**等传染病大范围地出现。与当时的信仰相反，猫对于瘟疫的传播没有起到任何促进作用，老鼠身上的跳蚤才是祸根。在继续杀猫的同时，人类不知不觉为疾病的传播提供了方便；而冒着各种风险保住了一些猫的农民们则较少受到瘟疫的影响，因为猫使老鼠不敢靠近他们的住处。历史学家们认为，如果没有对猫进行这种大规模屠杀，将大大有利于限制1347—1352年间在整个欧洲扩散的鼠疫。而这次鼠疫，害死了30%—50%的欧洲人口。

“我们知道帕西人或伽尔巴人——古波斯人的后裔——有对狗的崇拜；但是鲜为人知的，一个古老的传统告诉我们，且不谈他们所属的马恩河两岸的其他居民，伊珀尔人就一直把猫作为一种神灵来崇拜，直到他们皈依了基督教。962年，佛兰德伯爵鲍德温三世下令，在一年一度的耶稣升天节这一天，人们将在被称为‘三塔’的城堡塔楼上将一两只活猫扔下去，以便向外邦人证明，伊珀尔人已经真正地、忠诚地放弃了偶像崇拜。无论这一传统是怎样的，但是在11世纪和12世纪，人们每年都要在耶稣升天节这一天，从这座城堡的其中一座塔楼顶上，或者从圣马丁教堂的塔楼顶上，扔下一两只活猫。这种情况一直持续到1231年。那一年，第一次改在钟楼上举行这一扔猫仪式，并且从那以后，除了个别年份因故中断以外，这一习俗一直延续下来。然而，还有一个差别，自1476年起，这一仪式如果举行，将在一年一度的伊珀尔大集的周三这一天，而不是耶稣升天节；后来又被延期了，现在是在狂欢节之后第二周的某天举行。这一天被称为‘猫日’，扔猫的仪式在下午三点举行，由钟声或钟琴声宣布开场。许多外国人被这一奇特的习俗吸引，来到伊珀尔观看仪式。我们也看过多次，最后一次是在1817年。那次，与以往相同，被雇来执行仪式的那个人，穿着一件红色的外套，戴着一顶装饰着彩带的白色便帽，从钟楼顶上把他们想要献祭的那只猫扔到人群中。尽管从很高的地方坠落，那只猫却丝毫没有受伤，落地后它撒腿便跑，唯恐再次被捉到后用于这种仪式。”[1]

1　伊珀尔市档案管理员让–雅克·兰班（Jean–Jacques Lambin）的证言：“扔猫仪式。”（*Les Hommes et les choses du nord de la France et du midi de la Belgique*，Arthur Dinaux，Aimé Leroy,1829.）

猎杀女巫行动愈演愈烈，蔓延到整个欧洲，延续了将近四个世纪，在16世纪和17世纪达到顶峰，而天主教教会则面临着新教改革。

就这样，基督教教会把这种无害的动物与最邪恶的撒旦联系起来，使黑猫变成欧洲所有国家的众矢之的。教士们利用甚至滥用了他们对民众的权力，将猫，主要是黑猫——恶魔化，把它变成一种魔鬼附身的不祥的动物，即某些女巫被诅咒的伙伴。而女巫只不过是施展了她们作为行医者的本领，就像我们21世纪的自然疗法医师。

法国国王**亨利三世**（Henri III，1551—1589）有一种对所有猫的恐惧症，我们说的甚至不是黑猫，他在路上遇到任何一只猫都会被吓晕。在他统治期间（1574—1589），有不少于3万只猫因此被下令处决。

甚至某些不可能相信超自然或超常事物的名人，也在黑猫身上看到了某种不祥的存在。**安布鲁瓦兹·帕雷**

（Ambroise Paré，1510—1590）即为一例，他是著名的战地外科医生，也是国王亨利二世、弗朗索瓦二世（Francois II）、查理九世（Charles IX）和亨利三世的外科医生。这位文艺复兴时期的标志性人物曾写道，若猫毛已被感染，吸入猫毛就会导致窒息。他还断言，猫的口气很危险，不应该在一只猫的身边睡觉，因为可能会被传染结核病。另外，它们那不祥的目光会引起人们无名的恐惧和颤抖。

1600年前后，一位英国教士沃尔特·迈普（Walter Map）把黑猫说成是魔鬼在所有邪恶的表现形式中的化身。据说，路西法出现在一个封闭的房间里，突然，又凭空出现了一只巨大的黑猫，它两眼目光犀利，具有把房间里所有光明驱赶走的魔力。这位高级教士想象力泛滥，却对此深信不疑，因此声称魔鬼来看他的信徒们了。

自**17世纪**起，猫，无论是否黑色，在一部分已被瘟疫毁灭的地区的民众面前渐渐找回了自己高贵的名誉。众所周知，猫是**出了名的追捕老鼠等啮齿动物的能手**，人们因此变得对猫“宽容”了一些。就这样，在17世纪初，这一猎杀女巫行动相当突然地在欧洲所有国家同时结束了，就像它当初出现时一样。

历史学家们今天估算，这一猎杀女巫行动导致了**法国**

5万—10万人的死亡——这在当时的欧洲人口中占了很高的比例，其中80%的受害者是妇女。并且，同时有**几百万只黑色或其他颜色的猫**也被扔进了火堆。

爱猫的**路易十三**（1601—1643）为这种动物平了反，不论毛色如何，一律恢复它们作为捕鼠能手的角色——考虑到14世纪的鼠疫导致的死亡人数，这是一个十分重要的决定。随之，猫的主要任务就是保护皇家图书馆的藏书不受啮齿动物的侵害。请注意：俄罗斯圣彼得堡的艾尔米塔什宫今天仍由一些猫来“守卫”，它们最初就是保护艺术作品的。人们猜想，正是在酷爱猫的**红衣主教黎塞留**（Richelieu）的影响下，路易十三才终止了以基督教教会为始作俑者的对猫的迫害和灭绝行动。

尽管这位国王做出了努力，但他的儿子**路易十四**显然并不像他那样对猫那么感兴趣。据说，当路易十三和红衣

阿尔芒·让·迪普莱西，人们更熟悉的是他的另一个名字——红衣主教黎塞留，曾命人把一窝小猫搬到他在卢浮宫的寓所里，以保护它们（《黎塞留》，莫里斯·勒鲁瓦尔，20世纪初）

主教黎塞留相继去世后，这位新国王从10岁起，就绕着点燃的柴堆嬉戏玩耍，看着可怜的猫被活活烧死。应该说，其他动物，包括捕鼠犬，确实曾得到了国王及其宫廷的恩宠。

在此后几个世纪内，黑猫将成为不为民众所了解的黑色畜生

“猫是可怜的魔鬼们养的虎。”

——泰奥菲尔·戈蒂耶

现代

从**18世纪**开始，即“启蒙时代”那个世纪，猫终于得到些许安宁。**路易十五**（1710—1774）——毫无疑问是最爱猫的国王——命人拟定了一条命令，禁止在圣约翰节焚猫，并将焚猫定义为一种“野蛮的、原始的传统”。然而，在这一节日中焚猫的习惯仍然在梅斯市延续下来，直至1777年。人们在封斋期间会举办“猫的星期三”活动，并在这个节日把关在铁笼子里的猫活活烧死。

某些教皇表现出了对猫的真爱。**利奥十二世**（Léon XII，1760—1829）即是如此，他拥有一只名叫弥赛托（Micetto）的虎斑猫；**庇护九世**（Pie IX, 1792—1878）也是如此。

然而，**拿破仑**（Napoléon）讨厌猫，无论它是不是黑色。英国有个传说，非常多疑的拿破仑曾在1815年6月18日滑铁卢战役即将开始前看见一只黑猫，这场战役最终对法国人来说是一场痛心疾首的失败……而这一切是因为这只黑猫？《民法典》（*Code civil*）第528款也源于拿破仑，

“不管黄猫黑猫，只要捉住老鼠就是好猫。”

——邓小平

它把猫定义为一种动产："能够从一个地点移动至另一个地点的动物和物体在性质上属于动产，无论它们能够自己移动，还是只能借助一种外力改变处所。"2014年，动物保护者们胜诉：在《民法典》中，动物不再被视为"动产"。因为国民代表大会法律委员会表决通过了一项修订案，在法律现代化和简化法草案的框架内，承认了动物"是具有感觉的生物"的地位。

当代

直至19世纪，在浪漫主义的帮助下，猫才真正重获恩宠：它变成特别浪漫、神秘和独立的动物，以及艺术家们的灵感源泉，无论是作家、诗人、画家，还是歌唱家……黑猫的平反还要归功于歌曲和诗歌。1881年，鲁道夫·萨利（Rodolphe Salis）在蒙马特高地上开了一家**黑猫歌舞厅**，成为艺术先锋们的据点。（见第50—51页）

除了具有捕鼠的优点外，人们开始欣赏猫的美丽和优雅。1871年，人们在伦敦的水晶宫举办了第一届猫展。展览在整个欧洲和美洲相继举办，最早的几家猫协会也应运而生。

从这一刻起，黑猫的形象开始随处可见：明信片、宣传海报、邮票、杯子、街头艺术等。

同其他动物（狗、马、猪等）一样，猫在**两次世界大战**期间扮演了重要角色。具有抚慰效应的猫帮助士兵们在地狱般的战壕里活下来，给他们顽强生存的勇气，并陪伴他们消磨时光。有些猫，还被用来捕鼠或探测毒气（有点像在毒气泄漏时为矿工们报警的金丝雀）。在这些猫之中，有一只叫**西蒙**（Simon）的猫，它在死后获得了迪金勋章——英国军队颁发给动物以表彰它们战时功勋的奖章。据说是英国皇家海军紫石英号护卫舰的一名舰员在香港的船坞里发现了奄奄一息的西蒙，它是偷偷上舰的，但它很快就证明了自己的用处。它精力充沛，一刻不停地追捕那些偷食舰上粮食补给的老鼠，并因此鼓舞了舰员们的斗志。因此，它很快就成了为舰队带来好运的吉祥物，并最终获得奖章。

如今，猫是一种**真正的宠物**，生活在千家万户，参与人们日常的家庭生活：吃饭、睡觉、游戏。人们与它分享一切；当它去世时，人们会感觉受到了打击，正如菲利普·拉格诺（Philippe Ragueneau）描述的那样。

因为迷信（见第8—25页），人们对黑猫的恐惧一直延续至今，但这种恐惧已经大大削弱了。当然，如今人们仍然认为黑猫不同于其他猫，无论它是什么品种。尽管沉冤得雪，但它仍然特立独行，去收容所里一看便知：黑猫比其他猫更难得到收养。

“我喜欢猫，因为我喜欢我的家，而它们逐渐变成了这个家里看得见的灵魂。”

——高克多

在美国佛罗里达州，动物收容所禁止在**万圣节**前几天收养黑猫。为什么？正是为了避免这些可怜的动物在10月31日万圣节前夜遭受虐待。这个节日源于凯尔特岛，因大西洋彼岸的爱尔兰人和苏格兰人的移民而在美国和加拿大得以发展。源于“万圣守夜”的万圣节，使人联想到一幅围绕死亡、魔法和神话中的怪物主题的丰富画面。通常与这个节日相关的形象，除了幽灵、女巫、蝙蝠、猫头鹰、乌鸦、蜘蛛等以外，还有黑猫！曾经有人在万圣节前夜收养一定数量的黑猫，然后在节庆活动中虐待它们，过完节后又将它们丢弃。“收养一只猫”收容所——美国一家仅从事猫的收养业务的协会——的一名女职员表示，有些人把黑猫当作装扮著名女巫的“必要道具”。

在万圣节的整套化装行头中，黑猫属于“必要道具”之一，就像扫帚（当然属于女巫）和南瓜（美国明信片，海因缪勒，20世纪初）

SPOOKS AND WITCHES ARE BUSY TO-NIGHT,
ANXIOUS TO PUT GOOD PEOPLE TO FRIGHT;
LET'S GET TOGETHER TO WARD OFF THE CHARM,
LAUGH AND BE MERRY TO FORGET ALARM.

令人惊讶的是，某些收容所，如棕榈海滩镇动物照料管理收容所，甚至禁止在13日和星期五重合的这天收养黑猫。因此，收容所避免了因人类的想象力而可能使这些勇敢的猫受到伤害的处境。在美国，尽管在快到万圣节时收养一只黑猫几乎是不可能的，但是要知道，从11月1日起，一切都变回可能了。

您会明白的，有些人喜爱黑猫，而另一些人对黑猫怕得要命，今天仍是如此。迷信有着顽强的生命力！既然几个世纪以来，黑猫在整个欧洲都被当作祭祀的牺牲品，那么看到黑色的基因幸存下来难道不令人惊讶吗？除非像神话中所说的那样，猫真有九条命？

热恋的情人和严肃的学者，
到了成熟的年纪，同样喜爱
强壮又温柔的猫，它们是家人的骄傲，
像他们一样谨小慎微，一样深居简出。

作为科学和享乐的朋友，
它们找寻黑暗的寂静和恐怖；
如若甘愿屈尊为奴，
它们或许已为厄瑞玻斯牵引灵车。

它们姿态高贵，若有所思，
如同庞大的斯芬克斯卧在僻静的深处，
仿佛坠入无尽的睡梦；

它们丰腴的腰部闪耀着神奇的光芒，
几块黄金，一粒细沙，
便使星辰在它们神秘的瞳孔中若隐若现。

波德莱尔，《猫》，《恶之花》第56首，1857年

檐沟猫：独一无二的猫

檐沟猫，如果说在某些人眼中，它不甚优雅而且看似普通，那么科莱特（Colette）的这句话可能概括了一个爱猫女人的心理："没有普通的猫。"

街头猫、檐沟猫、家猫，人们就是这样称呼一只LOOF（《猫科起源官方目录》）编目的六十多种猫以外的某个"特定品种"的猫。

您别想在檐沟猫身上找到任何一处与另一种猫的共同点，每只檐沟猫都是独一无二的。尽管小猫的性格可能会为了适应它的主人而转变，但它的毛色是无法预料的；它的眼睛可能有金色或棕色，间有绿色或蓝色。但是请注意，对于一只小猫，应该当心它具有携带传染病的风险：不要忘记做血液筛查试验。反之，如果您从一家收容所收养了一只成年猫，它会带有前主人们的印记和属于它自己的故事，但您可能更容易评估它的行为模式。

黑猫的毛皮可能是虎皮纹的，红棕色、白色、黑白相间或者杂色的。最重要的是，您的猫未来能与您一起炼成完美的仙丹，相伴走过漫长的岁月。

“每只檐沟猫都是独一无二的。”

聚光灯下

无论在哪个时代，黑猫，尽管遭到了许多人的驱逐，但也激起了某些人特殊的迷恋。实际上，一些历史名人、作家、艺术家往往给他们的猫以无限宠爱，其中某些人最爱的猫，就是黑猫！

民众的想象把猫变成了巫师或女巫的忠实同伴，但在现实中并非如此：它不仅是作家、诗人、歌唱家、演员甚至一些政治家的伙伴，而且是永不干涸的灵感源泉，位居最迷人和最讨人喜欢的动物之列。黑猫的主人们是不会反驳这一说法的！

历史名人

英国国王查理一世（1600—1649）非常崇拜他的黑猫，

这世上没有什么能把他和它分开，他也绝不会冒险丢了它，他甚至让一名侍从在他必须外出时守卫这只猫。然而，1648年的一天，这只御猫生病死了。“我的好运走了。”英国国王查理一世可能会这样说，因为他深信他的猫一直在保护他。他的猫死后没几天，这位国王就被关进了赫斯特城堡，后来转移到温莎城堡。这是英国历史上第一位国王接受法庭的判决——因为严重的叛国罪。1649年1月30日，英国国王查理一世被斩首。好运离开了他，这毫无疑问……

安德烈·马尔罗（André Malraux，1901—1976），作家，夏尔·戴高乐（Charles De Gaulle）在任总统期间的文化部长。他始终与猫们一起生活，而且非常喜欢它们的陪伴，于是，吕斯特蕾（Lustrée）——一只绿眼睛的黑色母猫成为他的伙伴之一。他的部长办公室的壁炉上端坐着一只黑色的招财猫——左爪抬起且在日本被视为吉祥物的猫（见第106—108页），这是艺术家巴尔蒂斯（Balthus）从“日出之国”为他带回来的礼物。

欧内斯特·海明威（Ernest Hemingway，1899—1961），美国作家，诺贝尔文学奖得主（1954年），主要作品有《太阳照样升起》（*Le soleil se lève aussi*）、《丧钟为谁而鸣》（*Pour qui sonne le glas*）和《老人与海》（*Le vieil homme et la* *mer*）。他有几只很特别的猫，它们都是多趾猫。我们知道，猫的一只爪子有4个脚趾和1个悬趾，而一只多趾猫最多可以有7个脚趾。他有很多猫，在他佛罗里达基韦斯特的家里就有好几只黑猫。他的房子如今已经变成了一个博物馆，他的猫的后代们继续守护着这里的灵魂。

亨利·马蒂斯（Henri Matisse，1869—1954）始终被猫包围着。在他因病卧床期间，是他的猫伙伴中的一个——一只黑猫，始终陪伴着他。

让·高克多（Jean Cocteau，1889—1963），诗人、画家和小说家。他与猫一起生活，因为他喜欢它们“不顺从的性格”。他有一只黑猫，名叫卡隆（Karoun）。

其他著名人物，同样也分享了这种对猫的喜爱，他们从不在乎猫的毛色，而且往往都把一只黑猫视为最爱。雅克·布雷尔（Jacques Brel）就是如此，在马克萨斯群岛时，他迷恋一只叫咪咪（Mimine）的母猫，它守护着他，给了他安慰。乔治·布拉桑（Georges Brassens）只与猫一起生活，其中有多只黑猫。皮埃尔·德普罗日（Pierre Desproges）、雅克·迪特隆（Jacques Dutronc）也是如此，后者在科西嘉岛和三十多只猫一起生活，其中有几只黑猫。还有法兰西·高（France Gall）、碧姬·芭杜（Brigitte

Bardot）、摩根·弗里曼（Morgan Freeman）、梅尔·吉普森（Mel Gibson）、凯瑟琳·德纳芙（Catherine Deneuve）、苏菲·玛索（Sophie Marceau）、厄苏拉·安德斯（Ursula Andress）、乔治·克鲁尼（Georges Clooney）、约翰·列侬（John Lennon）、阿曼达·丽儿（Amanda Lear）、达丽达（Dalida）、约翰·特拉沃尔塔（John Travolta）、妮可·基德曼（Nicole Kidman）、查理·卓别林（Charlie Chaplin）、阿尔伯特·加缪（Albert Camus）、伊戈尔·斯特拉文斯基（Igor Stravinski）、保罗·麦卡特尼（Paul McCartney）、罗密·施耐德（Romy Schneider）、蒂娜·特纳（Tina Turner）、弗兰克·扎帕（Franck Zappa）、琼·贝兹（Joan Baez）、罗兰·比歌（Lauren Bacall）、皮特·多赫提（Pete Doherty）等[1]。

如此多著名人物，他们的事业都正是或曾经是最杰出的。这使我们相信，对于众多名人而言，黑猫只象征着好运和善意，有哪位谈到了黑猫的诅咒呢？

1　以上这些著名人物中包括歌手、画家、诗人、演员、作家、音乐家、作曲家等。——译者注

黑猫歌舞厅

人们把这间著名的歌舞厅归功于鲁道夫·萨利——欧洲“美好年代”中一位突出的人物。至于为什么把这间歌舞厅叫作“黑猫”，流传着多个版本的解释，我们不知道哪个是真实的。无论如何，这间歌舞厅很快就成为19世纪末全巴黎人的聚集地。

黑猫歌舞厅迅速吸引了当时巴黎的所有社会精英。他们没有变换人行道“躲避”这间歌舞厅，而是蜂拥而至，因为这里是必须露脸的地方，是巴黎艺术和文学先锋的聚会之地。

这间歌舞厅是阿道夫·莱昂·维莱特（Adolphe Léon Willette，1857—1926）创建的。歌舞厅先后三次易址，但**黑猫歌舞厅的招牌**一直是它的“指路明灯”。招牌上的这只黑猫，至少是具有表现力的，它的尾巴卷成极具象征意义的一弯新月的形状，画在刷了油漆的铁板上。这个招牌始终是19世纪末放荡不羁的巴黎和蒙马特生活的象征，如今在卡纳瓦雷博物馆展出。

EXPOSITIONS
PARTICULIÈRE
LE DIMANCHE 15 MAI
PUBLIQUE
les 16, 17, 18 et
20 Mai 1898
AVANT LA VENTE
de 1H.½ à 2H.½
VENTE
HÔTEL
DROUOT
Salle N°1
LES LUNDI 16, MARDI 17
MERCREDI 18 & VENDREDI 20 MAI 1898
à 2 Heures ½
COLLECTION
DU
CHAT NOIR
"Rodolphe SALIS"
DESSINS ORIGINAUX
· Aquarelles · TABLEAUX
Importante Composition
"PARCE DOMINE"
Par A. WILLETTE
Par le Ministère de
Me J. GUILLET Commissaire-Priseur
34, RUE BAUDIN
Assisté de
Mr F. CUÉREL Peintre Expert
10, RUE EUGÈNE-SUE
chez lesquels on distribue le Catalogue

第二章
一种传奇的猫

黑猫是在各个国家、各种文化中催生了最多非同寻常的传奇和故事的动物之一。如此多的传奇围绕着黑猫展开，以致我们不由得自问，是人类拥有丰富的想象力，还是黑猫真的具有超自然的能力……无论如何，猫的历史的确充满传奇色彩，甚至有些传说穿越几个世纪，经久不衰。

“AR KAZH DU”

在下布列塔尼大区莫尔比昂省的圣菲利贝尔镇，有一个地方名叫“黑猫交叉路口”。20世纪上半叶，一家名为“黑猫咖啡馆”的小餐馆坐落在这里，成为圣菲利贝尔、洛克马里阿屈埃和欧莱三个镇交会处的一个首选驿站，此地也因此得名——黑猫交叉路口。后来，这家咖啡馆消失了。在第二次世界大战后，这里竖起了一座高卢-罗马风格的石柱，石柱顶上屹立着一座70厘米高的黑色花岗岩雕塑——一只黑猫，在布列塔尼语中称为“Ar Kazh Du”。这下您明白了吧！

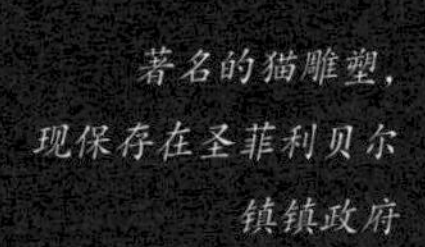

著名的猫雕塑，现保存在圣菲利贝尔镇镇政府

人们赋予这座猫雕塑以超能力——给拥有它的人带来幸福和财富，因此它在很多年里多次被盗走，又被找回，后来盗窃行为终于停止了。不过，传说中并没有说布列塔尼大区在那个时代是否出了更多的彩票中奖者。无论如何，据说这只花岗岩猫拥有使婚姻幸福美满的能力，这就是为什么新婚夫妇都会在婚姻登记后到这座雕塑的脚下献上一束花。

被众人觊觎的这只猫，后来成为刚出道的艺术家们的灵感启发者，他们毫不吝啬地施展自己的才华为它画像。它有时也是恶作剧爱好者们的目标，他们借着深夜酒醉后的狂妄，根据现实事件和形势来装扮它。这个地方因此变成布列塔尼的一个不容错过之地，一个非经典但不得不去的旅游景点。于是，在这座每次都不同但始终是同一只猫的雕塑前留影，成了一种流行的做法。

然而，应圣菲利贝尔镇居民的要求，“Ar Kazh Du”于1999年离开了它的石柱，因为他们厌倦了这座标志性的、被丑化的，甚至有时被“毁容”的雕塑。从那以后，这只花岗岩黑猫就在圣菲利贝尔镇镇政府的议会大厅兼婚姻登记大厅里过上了甜蜜又平静的生活。尽管它一直以来吸引着众多好奇者，但如今它不再吸引那些恶作剧爱好者了。有一件事是肯定的，它正在恰当的位置上守护着新婚夫妇们！

在莫尔比昂省的圣卡多——一座漂亮的石桥与陆地相连的小岛上，有一座罗马礼拜堂和为纪念圣卡多（saint Cado）而建造的十字架，那里至今还流传着一个传说。

圣卡多——威尔士格拉摩根郡一位亲王的儿子，也是兰卡凡修道院（大不列颠）的创建者和院长，于6世纪前往阿莫里凯，献身当地的福音传播事业。根据民间传说，圣卡多希望建一座桥，把他所居住的小岛与陆地连接起来，但是他缺少资金。一天，他接待了撒旦的来访。撒旦同意帮他建成他梦寐以求的这座桥，但有一个条件：圣卡多要将借道此桥的第一个生物作为祭礼献给他。圣卡多接受了

与魔鬼做“交易”的圣卡多，其左臂上有一只黑猫（佩尔雷民俗画，1855年）

这个提议，魔鬼一夜之间就建成了这座桥。第二天早晨，圣卡多放出了一只黑猫，并在后面追它，迫使它穿过这座桥。于是人们说，因受骗而暴怒的魔鬼让这座桥的最后几块石头坠入了埃泰河，而这几块石头后来形成了洛瓦桥的岩壁。至于圣卡多，他因为自己跟魔鬼开的这个玩笑而大笑不止，以至于跌入河中。从那以后，他坠河的地方就建起了一个十字架，被人们称作桥头十字架。

孔布尔城堡的一只黑猫

自5世纪起，一些爱尔兰的修士就定居在孔布尔这个小村子里，这个村子距离布劳赛良德森林——魔法师梅林（Merlin）和仙女莫嘉娜（Morgane）的领地不远。从那以后，故事就接二连三地发生。实际上，人们传说有一眼神泉喷出，它的水具有使盲人复明的神力。后来，城堡脚下出现了一个湖，湖里平静的湖水至今仍映照着城堡的塔楼，就像一面永恒的镜子。

这座城堡建于11—15世纪，在中世纪和百年战争期间抵抗过分裂布列塔尼的封建斗争。它呈不规则的四边形，四个角上各有一座巨大的塔楼掩护，其中就有那座著名的猫塔；它在19世纪**弗朗索瓦-勒内·德·夏多布里昂**（Francois-René de Chateaubriand，1768—1848）的侄孙若弗鲁瓦·德·夏多布里昂（Geoffroy de Chateaubriand）对该城堡进行修复时得名。施工过程中，工人们在城堡的石墙中发现了一只干瘪的猫……惊悚的一幕！

1926年被载入《历史建筑名录》后，孔布尔城堡成为一个不容错过的胜地，因为人们希望尽可能地靠近那些有着不同寻常的历史的景点（石版画，戈德弗鲁瓦·昂热尔曼，19世纪）

要知道，很久以来，根据民间信仰，把一只活猫砌在墙内可以帮助人们驱除厄运，抵御魔鬼。请不要忘记，黑猫那时候被看作魔鬼的化身！凭借这种很可耻但在当时非常流行的做法，城堡主们感觉自己受到了保护。

这只**变成了干尸的猫**从那以后就被摆放在夏多布里昂占据的那间古老的卧室里。尽管这只猫完好无损——它的毛除外，但它的姿势却仍然十分可怕：因为这只显然死于窒息的猫大张着嘴，露出了尖利的牙齿。

人们至今仍然能够以某种方式看见这只黑猫，听见它萦绕在孔布尔城堡的走廊里凄厉的喵呜声，它与城堡主之一柯特冈（Coëtquen）侯爵为伴，而这位侯爵1727年死在城堡的一间卧室里。我们知道，柯特冈侯爵在1709年9月11日的马尔普拉凯战役中失去了一条腿。从那以后，他时常拖着那条木腿在城堡的楼梯上和走廊里闲逛，甚至会敲敲某些房间的门。

弗朗索瓦-勒内·德·夏多布里昂儿时住在孔布尔城堡。他在《墓畔回忆录》（*Mémoires d'outre-tombe*）中叙述了以下离奇事件——这是他那特别迷信的母亲讲给他的：

"在滔滔不绝地讲完一番话之后，我叫来了女仆，然后我把母亲和妹妹送回了她们的房间。在我离开前，她们让我看看床底下、壁炉里、门后面，检查楼梯、过道和相邻的走廊。这座城堡所有神秘的存在——窃贼和幽灵，都回到了她们的记忆中。人们深信很早以前就死去的孔布尔的装着木腿的侯爵会在某些时代出现，有人曾在小塔楼的大楼梯上遇见过他；他的那条木腿有时候还独自和一只黑猫一起散步。"

“根据民间信仰，把一只活猫砌在墙内可以帮助人们驱除厄运，抵御魔鬼。”

这是布列塔尼的一个神话，在皮埃尔·艾利亚斯（Pierre Hélias）的书《布列塔尼的传说》（*Bretagne aux Légendes*）的“大海”一章中记述过。它讲述了翡翠海岸仙女们的故事，这个故事源于弗雷埃尔海角的圣马洛。

一个月圆之夜，几位仙女诱惑周围的渔民，邀请他们加入她们的圆圈舞。这些男人落入这些女巫的圈套，变成了6只黑色的公猫和6只白色的母猫。想要摆脱厄运变回人形，他们就得用海滩上的沙子制成的云母片织成一件金斗篷。我们不知道他们用了多长时间织出这件亮片斗篷，但有一件事是可以肯定的：他们最终变回了人形。圣马洛人为了纪念这个传说，把圣马洛的云母片称作“猫币”。

布列塔尼的一些故事和传说源于人类的想象，其中那些地方的仙境比其他任何地方都美（描绘水中仙女们的版画，摘自《画报》，1885年）

“猫的目光深沉，总是神秘地审视着，它的凝视甚至令人不安。这只盯着您看的眼睛，就像一台拍下您形象的机器，不能不使人想到，与狗相比，猫是与之近似的人类更好的评判者。”

——埃德蒙·德·龚古尔、儒勒·德·龚古尔

为了发财，有一天，一个巫师用自己的灵魂换了一只黑猫。如果您想要冒险试试，而且感觉自己有点像巫师，那么您应该这样做……根据传说，要找到一只“招财猫”，必须去一个有五条路交叉的路口，向魔鬼祈求——您必须自己想出该说的话！

于是来了一只黑猫，您把一个装着一定数目金钱的钱包交给它。第二天，这只黑猫带着您交给它的双倍钱数回来了。想要使这只“招财猫”最终留在您身边，必须在一个有四条路交叉的路口用一只死母鸡引诱它过来，并逮住它。把它装进一个袋子里后，您必须回到家里，路上无论发生什么事，都不要回头。一到家，就请您把这只猫放在一个行李箱里，直到您驯服了它。一旦这只猫感觉到您值得信赖了，每天早晨您就会在行李箱里找到一块金子。

但是，在想要发财之前应该提出的第一个问题是：您是一个巫师吗？

黑猫

一个幽灵就像一个地方，
你在目光所及之处会得到回响；
而当触碰那黑色的皮毛时，
你最坚强的目光也会溶解：

如同一个狂躁的疯子，
暴怒到极点，在黑暗中顿足，
突然，在他病房里那置若罔闻的椅垫中，
停止了，平静了。

它将曾经注视它的所有目光，
都藏匿起来，
让其为之战栗，恐惧，饱受折磨，
在难以忘怀中入睡。

但是突然，它猛地立起，惊醒，
转过脸面向你，
而你重又意外地发现：

你的目光在它的眼中，
黄色琥珀般的瞳孔中，禁锢着：
仿佛一只变成化石的昆虫。

莱纳·玛利亚·里尔克，《新诗集》，1907年

第一个传说可追溯至大约三千年前古埃及时代，崇拜猫的古埃及人发现它们具有摆脱所有困境的本事。可为什么是九条命呢？在古老的宗教信仰中，九是一个神圣的数字，因为三乘以三得九，它对应三圣的三位一体，换言之，即三个三圣的集合。在那个时代，九在所有古代文明中都是一个幸运数字。

第二个传说是来自印度教一个特别梦幻的故事。它讲述了一只精通数学但特别懒的老猫，这只猫在一座寺庙门口昏昏欲睡，不时抬起眼皮数着飞来打扰它午睡的苍蝇。

湿婆神路过那里，被这只猫的优雅所打动，但却好奇它为何如此闲散。

“你是谁，你会做什么？”湿婆神问它。

“我是一只非常博学的老猫，我很会数数。”这只老猫宣称。

“你能数到几？”湿婆神问它。

“让我们来看看，我能数到无穷大。”这只懒惰的老猫答道。

“如果是这样，让我高兴高兴。为我数数，朋友，数吧……”

这只老猫打着哈欠，开始数数：“一——二——三——四——五——六——七——八——九——”它咕哝着陷入了沉睡。

看到这只猫停在九上，湿婆神宣布：“既然你能数到九，我就给你九条命。”

就这样，根据这个印度教的传说，猫就有了九条命。

“如果您值得它爱，猫就会变成您的朋友，但永远不会是您的奴隶。”

——泰奥菲尔·戈蒂耶

无处不在的猫

我是猫，在墓地里，
在旷野里，在檐沟里，
在上埃及，在小溪里，
我一蹦一跳地到来。

我是懒洋洋的猫，
在太阳落山的一刻，
在您的花园里，在您的庭院里，
从不隐藏利爪。
我是不祥的猫，
月光下的捣乱者，
在夜里把您唤醒，
当您正身临险境。

我是会巫术的猫，
圣庭认定我有罪；
我使人想到迷信，
我为您招致厄运。

我是猫，
在您前厅的走廊里闲逛，

在门洞的墙角里小便。

我是低等的猫科动物，
老夫人们的善行
使我心满意足地打呼，
从不担心闲言碎语。

请您为我祈祷，使我免遭
收容所的惩罚，
您的流放者会在那里死去
没有住处，也没有家谱。

亨利·莫尼耶，《黑猫之歌》，1881—1886年

第三章
根深蒂固的民众信仰和迷信

由于黑猫具有神秘的谜一般的特点，人们赋予了它一些能力，好的或坏的，是其他任何动物所不具备的。无论如何，它的历史从来不乏信仰和迷信，其中某些至今仍牢牢地植根于集体记忆中。这些信仰和迷信随着国家而变化，也会因产生它们的社会文化阶层而有所差异。

正如歌德（Goethe）的至理名言："迷信是人类与生俱来的。尽管我们想要彻底破除迷信，但它隐藏在灵魂最特别的褶皱里和隐蔽处，当我们对自己最确信无疑时，它就会从那里跳出来，突然出现。"永恒不变地，人类曾经且如今仍在寻找自己幸福或不幸的原因，同时拼命抓住一些应当是超自然的、远离任何理性但自己却坚信不疑的迹象。正因如此，人们认为某些物体、某些颜色、某些动物是不祥的预兆，或者相反，会带来幸福和好运。

处于迷信中心的黑猫

猫，特别是黑猫，也属于这些根深蒂固的迷信和信仰，无论哪个国家都是如此。实际上，黑猫一直处于偏激情绪的中心，并且不自觉地引发了许多传说和故事，使它成为人类过于丰富的想象力和极度懦弱的人性的受害者与殉道者。正如埃德蒙·伯克（Edmund Burke，1729—1797）所言："迷信是懦弱灵魂之宗教。"

夜间捕食是它独特的天性，还是它的兴趣？在许多人眼中，这个夜间捕食者具有不祥的动物的全部特征。如果说它喜欢安静的地方，那么在**墓地**里遇见它也不稀奇。这是不是意味着它在夜幕降临后与魔鬼同行呢？可是，所有那些被黑猫深深迷住的人，不会有片刻想象自己是与魔鬼的帮凶或化身在一起的；恰恰相反，它是始终陪伴人们的亲密的家庭伙伴，可以与之分享一种真正的默契。

不幸的是，直到今天，黑猫**仍然使人恐惧**，这些恐惧源于毫无根据、根深蒂固的迷信。一只黑猫只不过是一只猫，它身上没有承载任何厄运。请坚信这一点！

许多地方打着“黑猫”的招牌，一些饭馆、酒吧、歌舞厅加入了鲁道夫·萨利在蒙马特高地那间著名的歌舞厅（见第50—51页）旗下；另外一些地方则以这勇敢的猫命名，因为它有着吉祥物的美誉。

一些布列塔尼的艺术家，包括马特马塔（Matmatah）——布雷斯特的摇滚民歌组合，甚至还编了一首名为《黑猫的女孩》（*La Fille du Chat Noir*）的歌曲，以纪念如今已经关门的一家布雷斯特的老酒吧。

她总是迟到，
黑猫的女孩。
她那惹人爱的小嘴，
总让我们失去理智。
两三杯朗姆酒过后，
我们个个口若悬河，
她惊讶地瞪着蓝色的大眼睛，
黑猫的女孩。

——摘自《黑猫的女孩》，1998 年

一种充满矛盾的颜色

黑色是一种会根据不同环境而给出相反信息的颜色。

尽管黑色可以表现登峰造极的**优雅和别致**——不可错过的黑色小长裙，无可辩驳地证明了衣橱里装的衣服使它配得上衣橱这个名字；但是它也代表着庄严——法官和律师总是一身黑衣，还有某些神职人员。

黑色也常常与**葬礼、死亡和黑暗**联系在一起。然而，奇怪的是，在女巫的虚幻世界里，被视为她们忠实伙伴的不是黑猫，而是有老虎斑纹的所谓“虎斑猫”。这又一次证明，黑色，在集体记忆中，是一种比其他任何颜色更加神秘的颜色，常常被用来表现恶魔，它的名字叫撒旦、路西法或魔鬼。

黑色使人不安，古而有之。此外，许多**词组**参考了这种颜色：

——“是某人的黑色畜生”，不被某人喜欢；

——“做黑弥撒”，指嘲讽教会做法的一种撒旦教的仪式；

——“黑罐子”，航海术语，指水手们不敢穿越的一个危险区域；

——“黑色连续剧”和“黑色电影”，涉及阴暗和神秘主题的中长影片，往往是恐怖片；

——“黑色小说”，故事具有悲剧性、悲观和悲惨特点的小说，通常与侦探阴谋或悬疑有关；

——“黑色幽默”，利用悲惨或残酷的事情来搞笑的幽默形式；

——“出现在黑名单上”，指个人或公司被判定不受欢迎；

——“有一些黑色的想法”，处于一种悲伤的、忧愁的，有时是消沉的和有自杀倾向的精神状态；

——“处于黑色情绪中”，心情忧郁；

——“黑色的愤怒”，狂怒。

“ 黑猫往往与一种诅咒的形式、女人和阴险手段相关。”

信的印记。这些迷信根深蒂固，而看见一只黑猫，至今仍给人一种凶兆的感觉。

黑猫，魔鬼的帮凶或化身

海斯特巴赫的**恺撒留斯**（Césaire，1180—1250），熙笃会修道士。他在1219—1223年间写成的《神迹对话录》（*Dialogue des Miracles*）中叙述了一个生命垂危的富人的传说。在富人的豪宅里站着好几个人，其中有一名行迹可疑的神父和一名非常善良的执事。执事处处与神父作对，于是，他看到了在场的其他人所看不见的一幕：几只黑猫围住了临终者的床。临终者喊道："请把这些黑猫拿走，请怜悯一个可怜的人。"尽管此人苦苦哀求，执事还是看见一个埃塞俄比亚黑人把一只钩子塞进了临终者的喉咙里，夺走了他的灵魂。这个埃塞俄比亚人不是别人，正是古埃及信仰中魔鬼的代表，而黑猫则是他忠实的奴仆。这位执事毫不怀疑：这个刚刚死去的人被诅咒下了地狱。

安茹家族的**圣路易**（Saint Louis），图卢兹的主教，曾在巴塞罗那边境的蒙卡德城堡里被挟持为人质，最终死于1297年。正是在此次监禁期间，他遭到了一只大黑猫的攻击，所有证据都表明，这只黑猫是魔鬼的代表。

在14世纪法国的**圣殿骑士**审判中，圣殿骑士们被指控敬拜由魔力变成黑猫的撒旦。

在某些欧洲国家，如果在半夜遇到一只黑猫，那是一种与来寻找游魂的魔鬼相遇的方式。

“ 它高兴的时候到处跑，随心所欲地巡视自己的领地，什么床都能睡，什么都能看见，什么都能听见，知道这所房子里所有的秘密、所有的习惯和所有的丑事。它四处为家，无往不利，是走路没有声响的动物、沉默的闲逛者、空心墙壁里的夜游者。”

——居伊·德·莫泊桑，《关于猫》，1886年

在德国，坟墓上出现一只黑猫，说明魔鬼已经控制了逝者的灵魂。

在波斯，如果有人虐待一只黑猫，他有可能会引来某些鬼神的敌意。人们还相信，黑猫是一种恶鬼，当它在夜里进入一个房间时，房间里的人必须和它打招呼，只有这样才能远离邪恶。

黑猫与死亡

在宗教裁判所设在卡尔卡松的时代（1234年），一个**卡特里派的传说**中讲道，阿尔布菲斯城的高夫里德（Gaufrid）——这个城市有名的审判官——被发现死在自己的床上，他的身旁围着两只黑猫。

根据熙笃会修道士**海斯特巴赫的恺撒留斯**的说法，一名修道士在他的修道院里濒临死亡时，一只白鸽飞来，栖息在临终者的窗台上。这时，黑猫冲向了白鸽。人们很容易猜到，这些动物的出现具有象征意义：白鸽代表着纯洁，而黑猫则恰恰相反，它是不祥之兆。黑猫在这里被视同觊觎临终者灵魂的魔鬼，是纯洁的白鸽的反面。

从1193年开始信教的宽西的**戈蒂埃**（Gautier）讲过几件事，表明“几只比煤袋还黑的猫”曾围绕在临终者的身旁。

12世纪比利时的一个传说讲道，一个爱打扮的年轻女子为了参加一个聚会，从变成一只黑猫的魔鬼那里接受了一件奢华的首饰。这只黑猫在把这条项链套在她脖子上时勒死了她。然而，当这个年轻女子下葬时，人们发现棺材重得可怕。人们大惑不解，打开了棺材，结果从里面逃出一只巨大的黑猫！而这个年轻女子的尸体已不见了踪影！

还有一个传说讲道，一个**渔民**许愿，想把一条鱼送给上帝，但是他的渔网只打上来一只黑猫。他心想这也不错，于是就把黑猫带回家，想让它捉老鼠。然而，这只猫掐死了他的全家人。

根据某些故事，巫师们用猫的脑髓来制作**毒药**。

来自欧洲某些国家的**许多民间故事**：黑猫的牙齿有毒；如果您吞下它的毛，可能会死；它的肉也是有毒的。

从前，如果有人去参加一场**葬礼**，而送葬队伍在路上遇到一只黑猫，那可以肯定的是，这只黑猫凭借邪恶的能力，会使送葬队伍中的某个人变成下一个死者。于是，为了避免这一厄运，送葬队伍将改变方向，避开这个不祥之物。

黑猫，女巫的伙伴

在中世纪时代的所有象征物中，黑猫往往与一种诅咒的形式、女人和阴险手段相关。在这一时期，它是撒旦的动物，也是女巫的动物。这些女巫与魔鬼关系密切，因为她们的医治能力往往只能属于黑魔法，从而属于地狱之力。

人们还说，女巫和黑猫之间有一种默契，以至于一个走到哪里，另一个就跟到哪里。因为，黑猫会把女巫驮在背上去参加**巫魔会**（巫师和女巫们的夜间集会）或者为她们拉车，而女巫在某些集会中化装成黑猫的样子也很常见。

1561年举行的对**弗农一地女巫们**的审判中，女巫们讲述了这些事情，她们承认自己在举行集会的古城堡里变形为黑猫的样子。因为据传说，一天夜里，四个年轻人潜入了这座古堡，半夜时，他们遭到一群黑猫的攻击。被这些

《萨瓦的王室》插图，亚历山大·大仲马，1852年

黑猫弄伤后，他们仍然逃了出来。第二天，在古堡的周围，许多女人的身上都带着这四个年轻人前一天夜里留在那些黑猫身上的伤痕。但是这个故事秘密地演变成对女巫们实施酷刑，目的是让她们承认那些使充满想象力的男人满意的“事实”：他们企图在这些女巫身上找到恶魔的行为，以证明他们对这些女人和她们的猫——尤其是黑猫——实施酷刑的合理性。

有传说称，女巫们拥有**第三个乳房**，以便给她们的黑猫哺乳，因此，她们能够与黑猫分享撒旦赋予她们的魔力。人们甚至说，某些女巫还让她们的黑猫吸她们的血。

在7世纪，深信**女巫化身为黑猫**的民众声称，女巫变形为黑猫，从烟囱或窗户进入住家，发出令人恐怖的嗥叫声，并攻击孩子们。

黑猫，一个凶兆

美国人希望不要在早晨碰到一只猫，不管它是不是黑色的。他们认为这预示着“今天”是糟糕的一天。

在土耳其，看见一只黑猫预示着即将发生一场矛盾或争执。

在波斯，与整个阿拉伯世界一样，遇见一只黑猫宣告着一场巨大的不幸。

在法国很多地方，如果一只黑猫从您面前走过，而且它是从左向右走过的，这将预示着一场巨大的不幸。某些迷信的人会毫不犹豫地画个十字架来避免这场“厄运”。

在普罗旺斯和意大利，如果家里的黑猫失踪了，那么家里的某个人可能会死。

如果**一个水手**在登船前遇到一只猫，这预示着打鱼的收成不会好。

还存在许多关于黑猫的其他迷信，我们不知道它们源于哪个国家。人们还说，看见一只黑猫的屁股会招致厄运。

法国及其他欧洲地区

在法国许多地区——巴黎盆地、吉伦特省、大西洋卢瓦尔省、法国南方，黑猫往往被庇护它的家庭视为一种吉祥的动物。如果婚礼当天早晨有一只猫在新娘的身边打喷嚏，这将是一桩幸福的婚姻。

在贝阿恩省，如果说黑猫被视为一种吉祥物，那是因为人们赋予它使巫师尤其是女巫得以远离的超自然能力。

在下布列塔尼大区，人们说，如果一只黑猫只有一根白毛，那么对于拔下这根白毛的人来说，它将是一个珍贵的吉祥物。

在波旁省——法国的中部，人们宣称，当一只黑猫坐

小猫，
两个人爱抚着它，
先生尤其喜爱它。
十分幸福的小猫说：
“还要！……”
DIX
PARIS
1525

在一个怀孕的女人腿上时，如果它的眼睛眨三下，那么这个女人将生下一个男孩……

在孚日省，为了阻止黑猫被猎人瞄准，人们会在自己的皮挎包里藏一只黑猫左爪。这些风俗习惯总是不合逻辑，杀死一只黑猫是为了避免杀死另一只黑猫……

在奥弗涅省，在月圆之夜遇到一只黑色的母猫是一个吉兆，因为它很有可能为你带回满满一袋金子。

在苏格兰，人们认为，到一家屋檐下寻求庇护的黑色流浪猫会给这家人带来兴旺和幸福。

在比利时和卢森堡，人们说黑猫是最好的猫，它能比别的猫捉更多的老鼠。

在瓦隆，一窝猫仔里如果有一只小黑猫，预示着好运和兴旺。但是，不要把它送人，因为那样反倒会给你招来麻烦。

在荷兰，如果你的邻居刚刚得到一窝猫仔，而他送给你一只黑色的，这是个好兆头，因为这象征着“它把好运带进了您家”。

日本和招财猫

在日本，猫是在6世纪与佛教教义同时出现的。但直到999年9月19日—— 一条天皇在他生日这天收到一只猫作为礼物开始，猫才变成一种神圣的动物。

在这个“日出之国”，猫被视为一种吉祥物，尤其是当它的皮毛带有龟壳图案时，这与颜色无关。有一件事是确定的，日本人极其欣赏猫，许多画家，如歌川广重、歌川

国芳、喜多川歌麿，都曾在众多作品中画过猫，而其中不乏黑猫。

另外，正是日本人，以日本短尾猫——一种尾巴绕在自己身上的猫为模特，创造了招财猫（maneki-neko），它就是一个吉祥物。这个**传统雕塑**通常用瓷或陶制成，但在纪念品商店里也常见到塑料招财猫。与别的猫不同，这只猫是坐着的，右爪和/或左爪举到耳边。人们会在商店的橱窗里看到它，还会在商业中心和弹子机房（游戏厅）的收银台旁边看到它。招财猫也会出现在居民家中，变身为储钱罐、钥匙扣或任何其他有用或没用的物件。

maneki意为“邀请”，引申为“招来”的意思，neko意为“猫”，于是，招财猫被认为能吸引财富。当招财猫的左爪举起时，被认为能吸引福气；当它的右爪举起时，被认为能吸引钱财；某些招财猫的两个爪子都举着……招财猫的爪子举得越高，它带来的好运就越多。这只象征性的猫的姿势源于中国唐朝的一句谚语：“猫洗面过耳则客至。”

招财猫可以变换各种颜色，有时甚至是不可能的颜色，每种颜色都代表不同的能力：

——三色（白底带黑色和红色斑点），此为大吉，也是最受人们欢迎的招财猫的颜色；

——绿色，能使人学业有成；

——玫瑰红色，能促进恋爱关系；

——金色，能使人变得富有；

——白色，象征着纯洁；

——红色，能使人抵抗疾病。

招财猫当然有黑色，它具有驱赶恶魔的能力。它在女性中很受欢迎，因为据说它能使侵犯者远离。

英国

英国人赋予黑猫一些美德和能力，使人们很容易猜想他们怀着多大的善意看待黑猫。对于英国人，黑猫是幸运的同义词！

因此，在英国北部，如果人们看见一只黑猫，那意味着会有好运降临；而且根据传统，应该许一个愿。

在一所房子里或在一艘船上，一只不请自到、栖身于此的黑猫会带来收入和兴旺，但仅仅是在人们没有赶走它的情况下。对于游戏迷们，有人建议他们随身携带几根黑猫的毛，或者在玩游戏前抚摸猫背七次。如果您把您的彩票放在猫背上，您可能会中奖，但没说猫是否需要弓起后背！

黑猫在这个国家被看成如此吉祥之物，以至于如果一个年轻姑娘与黑猫同处一个屋檐下，就预示着她将有众多追求者并且肯定会结婚。而穿着一件印有猫（无论是不是黑猫）图案的衣服，则是一种吸引好运的方式。

美国

美国人特别喜欢白头的黑猫——它们经常出现在美国的连环画或动画片中；他们认为家里有一只黑猫会给家庭带来好运和幸福，还能预防火灾。

不少人戴着黑猫形状的发卡或胸针，以期带来好运。

有人还建议从黑猫身上拔几根白毛，把它们放在一个小口袋里，然后挂在脖子上。这样一个护身符可以防小人或某些精神失常的女巫。

在美国，黑猫还具有征服爱人的能力。“秘诀”就是把一只黑猫关在一个篮子里几分钟，人坐在篮子上面，念三遍“我的爱人，到我这里

我的突然出现就是为了给你带来好运。

来”，同时一直想自己爱的那个人。这种做法没有说爱人会不会来，但试试也无妨！

世界其他地方

早在600年时，先知**穆罕默德**（Mahomet）在布道时总是怀抱一只猫。人们不知道它是不是黑色的，但事实是，这只猫被视为神圣的猫，因为穆罕默德有一天被一条毒蛇咬伤后，就是被一只猫救了。

在巴西，娜娜（Nanà）女神——掌管生育力和创造力的女神，也是猫的保护神。因此，在巴伊亚州的萨尔瓦多市，黑猫受到特别的尊敬，因为人们赋予它保护者的能力。

在中国，黑猫保护人们远离恶鬼。大约公元前500年，孔子养过一只猫。

在柬埔寨，一只黑猫的来临预示着大旱过后要下雨。

在泰国，人们赋予所有颜色的猫以预报地震和天气的能力。然而我们知道，所有种类的动物，在2004年12月泰国发生海啸前，都曾“预报”过这场灾难。

在中非，很久以来，医药包一直是用黑猫皮制成的。

还存在许多关于黑猫的其他迷信，我们不知道源于哪些国家。人们说，看见一只黑猫的形象就会带来好运。另外，如果您恰好在一只黑猫之后穿过一条小巷或公路，请许一个愿，它会实现哦！

猫在海上

航海者往往非常迷信，因为对于在汪洋大海中搏命的人来说，必须具有一股神圣的勇气。这需要以各种方式来保护自己，比如用护身符，并密切关注最细微的迹象。这些航海的迷信始于古代，但是它们一直延续至今。

航海者，无论是探险家还是渔民，心里并非喜欢所有动物，他们对兔子就有一种神圣的畏惧，甚至禁止在船上提到它的名字。因为兔子特别贪吃，会啃咬渔网和缆绳；就像另一种啮齿动物——老鼠，也是全船人员的烦恼：它不啃咬渔网，但它偷吃粮食，并且可能传播疾病，使全船人病倒。

猫，航海者的盟友

猫——捕鼠者是**航海者的盟友**，没有一艘船在出发时不载着几只猫，而且其中必定有黑猫。意大利热那亚的保险公司要求船舶上必须有几只猫，以保护船上粮食和船舶的状态。在15世纪，威尼斯的船舶也遵守同样的规定，船上有一名船员甚至被任命为“猫的守卫”，负责保证猫的供给充足，以使得猫在捕捉啮齿动物方面总是尽忠职守。海军部长柯尔贝尔（Colbert）也曾要求舰船成员中要有几只猫，他还说过这样一句名言：“舰船保持航行状态，是因为有两只猫在船上。”把猫带上船的这一习俗可以追溯至古埃及，也就是八千多年前。古埃及人特意把这些猫带上船，让它们在船舶横穿尼罗河和别处时保护他们。另外，正因如此，猫才被引入欧洲。

有这样一个习俗：一条不再有生灵待在上面的船，将被视为一条弃船；在这种情况下，找到它的人可以完全合法地占有它，而不会触犯法律。“连一只猫都没有”，这种说法就源于这一习俗。如果有一只猫在船上，即使没有船员，这条船也不能被视为弃船。

猫，船舶的吉祥物

黑猫，尽管也捉老鼠，但是它还有另外一重身份——船舶的**吉祥物**。在18—20世纪，英国船舶的航海日志中规定要记录黑猫的名字，因为它被视为整个船舶的成员之一。伦敦的劳埃德船级社——1688年创建的英国保险公司，在其与船舶相关的合同中规定，船舶必须载有一定数量的猫，而且其中必须有一只黑猫，这样才能得到保险公司的保障。猫的数量应根据船舶的大小和给养数量严格计算。彭布罗克号——英国皇家海军的军舰，多年来一直在舰上养着一

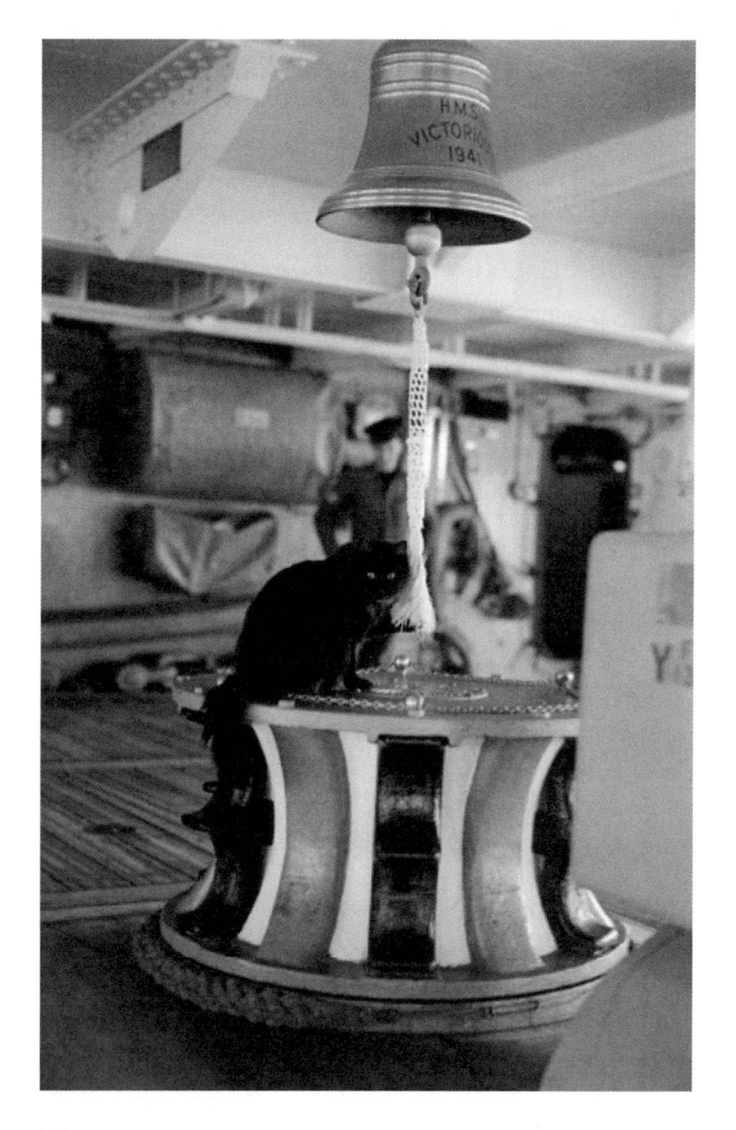
H.M.S
VICTORIO
194

只名叫**查理**的黑猫。它对全体舰员来说，是一个真正的吉祥物。这艘军舰在1755年执行阿卡迪亚人流放任务中一鸣惊人。查理死时，也获得了军人的荣誉。

20**世纪**，有多只黑猫在战舰上建立了功勋。

皮伯斯（Peebles），特别聪明，在女王陛下的西部群岛号护卫舰上服役，作为吉祥物，鼓舞了舰员们的斗志。

提多斯（Tiddles），在女王陛下的阿格斯号上出生，在航空母舰上度过了一生。左图中，我们看到它在女王陛下的凯旋号上，坐在位于后绞盘的最佳观察岗位上。它经常在那里玩拉铃绳。

布莱奇（Blackie），女王陛下的威尔士王子号上的吉祥物，有幸于1941年8月在这艘军舰上见到了温斯顿·丘吉尔（Winston Churchill）。当时丘吉尔与美国总统罗斯福（Roosevelt）正在纽芬兰海岸外的这艘军舰上会面。当首相听着美国国歌时，正在闲逛的布莱奇朝着那艘已停泊的美国驱逐舰走去。看到这一幕，温斯顿·丘吉尔一把抓住了它，一边抚摸着它一边说："无论如何，这可是女王陛下的威尔士王子号的吉祥物！"

法国航海者的恐惧

如前所述，尽管猫在船上通常会受到欢迎，因为它们保护粮食、缆绳和渔网不受啮齿动物的侵害，但**法国航海者**却害怕黑猫。如果碰巧有一只黑猫靠近了一艘正要起航的船，这艘船可能会取消航行；相反，如果一只猫自己跑到了船上，无论它的皮毛是何种颜色，船员们都必须守护它，因为若让它下船就预示着厄运，并且会导致航行的危险。暴风雨和厄运会使船只和船员们遭遇险境，黑猫则会保护他们。

法国埃皮纳勒的景象，模板印刷的彩色木版画，19世纪末

某些时期，黑猫不祥的形象在民众信仰中根深蒂固，以致它不停地维持着最怪诞、最不可能的迷信，同时也被赋予一些治疗的功效。比如：

——吃下黑猫的脑髓会严重中毒，使人丧失理智，甚至发疯；

——穿着黑猫的皮毛具有瘦身的功效，在那时，瘦意味着贫穷，胖则象征着富裕；

——12世纪的古籍（Kiramides）手抄本中写道，在黑猫的睾丸加一把盐可以驱魔；

——用一只黑猫的皮包裹自己，可以治愈风湿病；

——一个据说能治疗严重摔伤的药方是，斩断一只黑猫的尾巴，然后吸它的血；

——把一只黑猫的心脏挂在左臂上，具有缓解任何疼痛的功效。

今天，研究证明猫的陪伴会给人们带来好处，无论是不是黑猫。

因此，猫主人们死于心脏病发作的概率可能比其他人小，并且猫的陪伴可能会缓解紧张的压力。这还不是全部，听猫打呼噜还有降低抑郁的风险和治疗抑郁、增加骨密度、降低血压的功效。人们把这称为“猫呼噜疗法”！

另外，抚摸一只猫也有好处，这或许会促进日本“猫吧”的发展哦！

照片来源

iStock网站 目录iii、前言对页、1对页—1页；第9、12、13、18、23、31、33、34、37、38、39、42、43、45、52—53、58—59、66—67、69、70、73（边框）、74—75、78—79、84、88—89、91、104、113、116、123（上）、124页

DR摄影工作室 第3、81页

Leemage摄影工作室 第4—5页：DeAgostini杂志；第6页：Photo Josse网站；第11、29页：塞尔瓦（Selva）；第57页：比安凯蒂（Bianchetti）；第65页：普里斯玛·阿奇沃（Prisma Archivo）；第83页：古斯曼（Gusman，摄影师）；第92—93页：拉韦纳（Ravena）；第120页：PV图集/Alamy网站；第121页上图：英国图书馆委员会；第121页下图：杜瓦隆（Duvallon）

Photo12摄影工作室 第17页：Hachedé网站；第20—21页：YAY Media AS图片社/Alamy网站；第51页：Lordprice图集/Alamy网站；第61页：Hachedé网站；第63页：Richard Peters（理查德·彼得斯，摄影师）/Alamy网站；第106页：伊丽莎白·科尔（Elizabeth Cole）/Alamy网站；第110—111页：贝利尔·彼得斯（Beryl Peters）图集/Alamy网站；第115页：鲍比·莱恩（Bobbie Lerryn）/Alamy网站；第118页：大卫·麦吉尔（David McGill）/Alamy网站

Karbine-Tapador摄影工作室 第41页：格罗布（Grob，摄影师）摄影集；第73页：IM图集；第95、99、103页：Karbine-Tapador图集

圣菲利贝尔镇政府 第54页

其他 第14、30、36、77、85、86、94、100、108、123（下）页

Original published in France as:
Mystérieux chat noir by Nathalie Semenuik

图书在版编目（CIP）数据

神秘的黑猫 / (法) 娜塔莉 · 塞姆努伊克 (Nathalie Semenuik) 著 ; 祝华译 . —北京 : 生活书店出版有限公司 , 2019.11
ISBN 978-7-80768-308-7

Ⅰ . ①神… Ⅱ . ①娜… ②祝… Ⅲ . ①猫 – 研究 Ⅳ . ① Q959.838

中国版本图书馆 CIP 数据核字 (2019) 第 181734 号

责任编辑　乔姝媛
装帧设计　罗　洪
责任印制　常宁强
出版发行　生活書店出版有限公司
（北京市东城区美术馆东街22 号）
图　　字　01-2018-5469
邮　　编　100010
经　　销　新华书店
印　　刷　北京顶佳世纪印刷有限公司
版　　次　2019年11月北京第1版
2019年11月北京第1次印刷
开　　本　787毫米 × 1092毫米 1/32 印张4.375
字　　数　65 千字 图69幅
定　　价　48.00 元
（印装查询：010-64052612； 邮购查询：010-84010542）